U0261864

图书在版编目（CIP）数据

恐龙世界可可爱爱 / 米诺鼠童书馆编著. — 北京 ：
东方出版社，2022.7
ISBN 978-7-5207-2827-0

Ⅰ. ①恐… Ⅱ. ①米… Ⅲ. ①恐龙—儿童读物 Ⅳ.①Q915.864-49

中国版本图书馆CIP数据核字(2022)第103547号

恐龙世界可可爱爱
（KONGLONG SHIJIE KEKEAIAI）

作　　者：米诺鼠童书馆
责任编辑：张旭　陈蕊
出　　版：东方出版社
发　　行：人民东方出版传媒有限公司
地　　址：北京市西城区北三环中路6号
邮　　编：100120
印　　刷：洛阳和众印刷有限公司
版　　次：2022年7月第1版
印　　次：2022年7月第1次印刷
开　　本：787mm×1092mm　1/12
印　　张：4
字　　数：80千字
书　　号：ISBN 978-7-5207-2827-0
定　　价：108.00元
发行电话：(010)85924663　85924644　85924641

恐龙世界
可可爱爱

米诺鼠童书馆　编著

人民东方出版传媒
People's Oriental Publishing & Media
东方出版社
The Oriental Press

1822 年，科学家发现了第一块恐龙骨架化石，

一个前所未有的恐龙时代出现在我们眼前：

第一颗恐龙蛋化石是怎么形成的？

是先有恐龙蛋还是先有恐龙？

会飞的恐龙跟现在的鸟类有什么关系吗？

恐龙有多少种？

是凶猛的、可爱的，还是五颜六色的？

恐龙是怎么灭绝的？世界上到底有多少种恐龙？

现在只要一束光，你就能照亮整个恐龙世界！

走，我们去认识一下它们吧。

（可以借助太阳光、手电筒、手机灯光等，照一照，找一找。）

发掘恐龙化石岩层攻略

恐龙最早出现在约2.35亿年前，它们统治世界的时间长达1.6亿年。现在我们已经看不到它们的身影，只能通过化石来推测它们的模样。

恐龙化石埋藏在岩石中、沙土下、海洋里。

恐龙化石大多数藏在岩浆岩、变质岩和沉积岩之中。

岩浆岩

变质岩

页岩

石灰石

砂岩

沉积岩

安全提示：化石发掘地点，非专业人员不要靠近！

岩浆岩 岩浆岩是地壳深处的岩浆侵入地壳内部或喷出地表冷凝结晶形成的。

沉积岩 沉积岩是由岩石颗粒经大气、水流的搬运沉积，并在高压作用下形成的。

恐龙化石会藏在哪里呢？

河里、悬崖边、采石场、工地、被挖开的隧道里？这些地方都有可能藏有化石哟。

变质岩 变质岩是由地壳内部早先形成的岩浆岩、沉积岩等在高温高压作用下形成的。

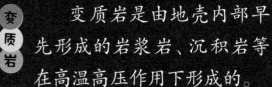

锤子

剔针

尖头锤

平头锤

电镐

页岩

泥岩

挖掘工作开始啦！这时候我们要准备的工具有：1.采掘工具；2.包装和修复工具；3.安全防护工具。

采掘工具主要有各类地质锤、剔针、电镐（gǎo）、錾（zàn）子等。各种工具的用处都不一样，比如，尖头锤是用来对付非常坚硬的岩石的，而平头锤则用来挖掘保存在页岩或泥岩等硬度低的化石用的。

为了更好地进行挖掘工作，耐磨舒适的衣物、靴子以及遮阳帽、雨衣等装备都是必不可少的。

安全提示：在使用锤子和錾子凿击岩石时，要佩戴护目镜。此外，在凿击作业中，也要给拿錾子的那只手戴上皮手套。在悬崖或者陡壁的采石场内作业时，要戴上安全帽。

纸箱　加固剂　标签　记号笔　棉纸　标本袋　胶带

9

包装和修复工具主要有加固剂、标签、记号笔、报纸、棉纸、纸箱子、标本袋、胶带等。另外，还需要提前订制套箱，用来装发掘出的恐龙化石骨头。

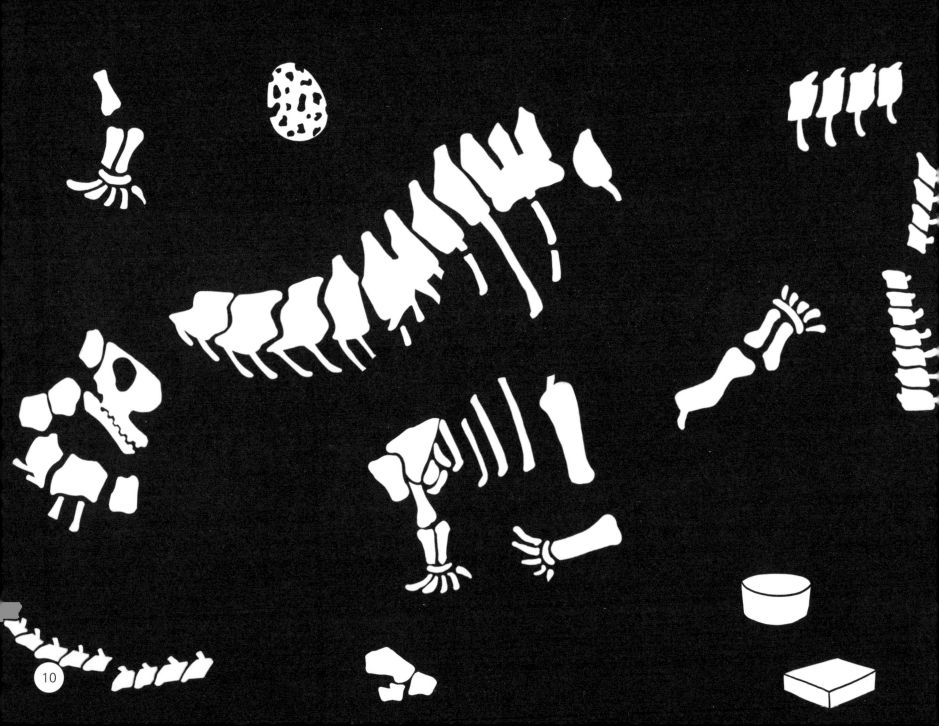

回到恐龙时代

在恐龙时代前后的地球历史演化过程中，发生了一些天文与地质事件，我们将这些时间段叫作地质时期，地质时期被划分为5个时期。

1 太古代

2 元古代

3 古生代

4 中生代

5 新生代

太古代：这是地质发展史中最古老的时期，延续时间长达15亿年，地球的岩石圈、水圈、大气圈和生命开始慢慢形成。

元古代：这是紧接在太古代之后的一个地质年代，约始于25亿年前，结束于5.45亿年前。生物界由原核生物演变为真核生物，菌类、藻类占据着主导地位。

古生代：5.45亿年前—2.5亿年前，生物群以无脊椎动物最为主要，相继出现无颌类、两栖类、盾皮鱼类、爬行类。原始陆生维管束植物出现，泥盆纪早期裸蕨类植物为主。

新生代：这是地球历史上最新的一个地质时代，从6550万年前至今，哺乳动物和被子植物高度繁盛，生物界越来越接近我们现在看到的样子。

中生代：2.5亿年前—6550万年前，鱼龙、翼龙；鸟类、有袋类、有胎盘的哺乳类已出现。但到了后期，大部分海洋生物、陆生生物以及所有的非鸟类恐龙都陆续灭绝。

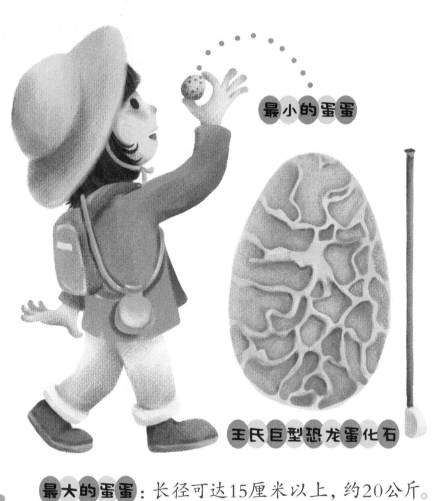

最小的蛋蛋

王氏巨型恐龙蛋化石

蛋蛋来啦

恐龙蛋化石大小不一，小的只有鹌鹑蛋大小，最大的长径可达15厘米以上。恐龙蛋化石对于我们研究恐龙及其生态环境等提供了非常珍贵的实物资料。

窃蛋龙蓝色的蛋

恐龙蛋并不全是白色的，有一种生活在白垩纪末期的窃蛋龙生的蛋是蓝色的。

最大的蛋蛋：长径可达15厘米以上，约20公斤。

最小的蛋蛋：长径5—6厘米，短径约2厘米，重约10克，重量与一颗鹌鹑蛋重量差不多。

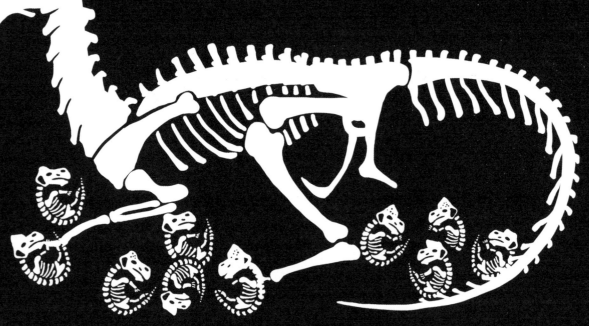

看，有脚印！

恐龙踩过的脚印也能形成化石，这对于我们研究恐龙的日常生活非常有用，可以推算它们的种类、体形、身高、生活习性以及奔跑速度等。

梁龙和暴龙的脚印有什么特点呢？

梁龙的脚印

暴龙的脚印

好多恐龙脚印！

这应该是出生不久的小恐龙的脚印，只有硬币大小，因此推算出这只小恐龙长约12厘米。

目前在刘家峡地区发现的恐龙足迹化石，直径超过了1.8米，是我国最大的恐龙足迹化石。

恐龙脚印化石的形成，要满足这些条件：合适的地面软硬度、足够的太阳照射量、附近有水源且能带来大量泥沙覆盖脚印。最后，在漫长的地质运动中发生变化，最后变成化石。

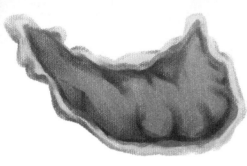

霸王龙的粪便

这是霸王龙的粪便化石，长约44厘米，高约13厘米，宽约16厘米。

粪便

恐龙的食性有三种：植食性、肉食性和杂食性，我们可以通过研究它们的粪便化石，了解恐龙的特征，并且根据其中含有的一些DNA信息，对古生物进行更深的研究。

这个1米长的恐龙粪便化石是哪类恐龙留下来的呢？　看，许多博物馆里都有恐龙排泄物的展览。

看一看这些恐龙粪便化石都是什么形状的？

科学家可以从时代背景、地理环境以及同一岩层的信息等对恐龙粪便化石进行分析，推算它们属于哪类恐龙的粪便化石。

阿根廷龙：是目前发现最大的陆地恐龙之一，比非洲象和长颈鹿等最巨大的现生陆生动物高出不少，体长35米，重约69—100吨。它们生存于9600万—9400万年前的白垩纪晚期，多生活在水源充足、森林资源丰富的湖溪地带。

我们是吃草长大的

恐龙有吃肉的，当然也有吃素的。那吃素的恐龙都长什么样呢？一起去看看吧！

寨查龙

禽龙

马门溪龙

慈母龙

赛查龙：生活在白垩纪晚期的亚洲，体长6.6—7米，重约2吨，以植物为食，背部有成排的甲片突起，尾巴末端就像一个骨棒，可以左右晃动防范袭击者。

马门溪龙：头骨小，颈部长，牙齿纤弱，有的个体长可达20多米，以植物为食。生存于侏罗纪晚期，体长16—45米，重20—55吨，多生活在湖泊、沼泽边，以多汁水生植物为食。

禽龙：性情温顺，身长9米，体重4—5吨，主要生活在白垩纪，素食，舌长，利牙锯齿状，用以撕扯和切碎树叶。

慈母龙：中等体型，体长约9米，生存于白垩纪晚期，它们因为很会照顾自己的小恐龙而出名，主要以植物为食，包括各种蕨类和树叶。

无肉不欢的恐龙

爱吃肉的恐龙有哪些？让我们一起去见识一下吧！

南方巨兽龙：它们是肉食恐龙中的大块头，有灵敏的嗅觉、钢刀一般锋利的牙齿及长达10厘米的前爪，最大体长13.8米，最大体重10.52吨，生存于白垩纪。

玫瑰马普龙：身长10—14米，重5吨左右，生于白垩纪晚期，是阿根廷龙的天敌。

美颌龙：一种小体型的恐龙，体重只有3千克，喜欢吃小型的蜥蜴。

霸王龙：生于白垩纪末期，体长约12—15米，体重约6—8吨。它们拥有超级大的嘴和锋利的牙齿，是已知最大的食肉恐龙之一。

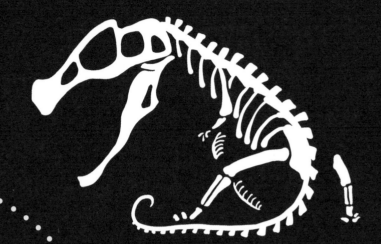

霸王龙：因为头实在太大了，需要两只小手来
让身体保持平衡。

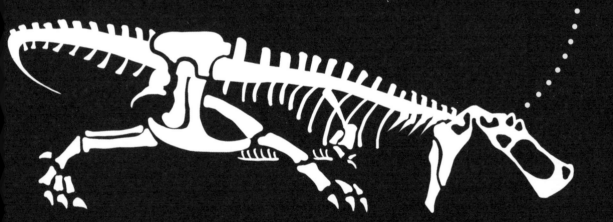

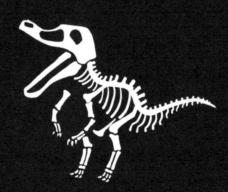

不挑食的乖宝宝

在恐龙时代，地球上的植被、生物越来越多，恐龙的食物也多了，于是杂食类恐龙就出现了。走，让我们一起去看看它们是什么样子的吧！

盐都龙：体长1—3米，生存于侏罗纪中期，善于奔跑，生活在湖岸平原，以食植物为主，兼食其他小动物。

似鸡龙：身长4—6米，高约3米，体重约400千克，生活在白垩纪，长得很像鸟，善于奔跑，喜欢吃植物、蛋、昆虫和蜥蜴。

镰刀龙：身长约8—11米，重6—7吨，生活在8300万—7100万年前的白垩纪晚期，行动缓慢，前肢有状如镰刀的利爪，喜欢吃植物、水果和小动物，性情温和。

窃蛋龙：身长约2米，喜欢吃恐龙蛋里的蛋液，运动能力很强，生存于白垩纪晚期。

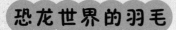

恐龙世界的羽毛

我们前面看到的恐龙大多数都没有羽毛，那有长羽毛的恐龙吗？它们会飞吗？

小盗龙

伶盗龙：身长约2—3米，重约15千克，生存于7500万—7100万年前的白垩纪晚期，前臂上长满了羽毛，但不能飞翔，手部有三根锋利且大幅弯曲的指爪。

千禧中国鸟龙

似鸟龙：体长约1.5米，生存于白垩纪晚期，长得像现在的大型鸟类，身上长满像鸟一样的羽毛，跑得快。

为什么那么多恐龙都长了羽毛
却不会飞呢？有会飞的恐龙吗？

小盗龙：身长不够1米，身披羽毛，喜欢栖息在树上，但依旧不会飞，它们很有可能是鸟类的祖先。

千禧中国鸟龙：身长约1米，上颌骨处长有一个囊状物，可能有毒，身上有羽毛，尾巴尖上也生长了类似始祖鸟的菱形羽毛。

大个子恐龙

在恐龙统治地球的时代,大个子恐龙是比较占优势的。走,一起看看都有哪些大型恐龙吧!

风神翼龙

华丽羽王龙

撒哈拉鲨齿龙

易碎双腔龙

泰坦角龙

地震龙

撒哈拉鲨齿龙：长11—14米，重6—11.5吨，高约4.5米，生存于白垩纪中晚期，是体型最大的食肉恐龙之一。

地震龙：长30—40米，重40—50吨，生存于侏罗纪晚期，可能是地球上生存过的体长最长的陆生物种。

华丽羽王龙：生存于白垩纪早期，体重约1.4吨，体长约7.5米，头大、体型瘦、长腿、全身被羽毛覆盖。

风神翼龙：生存于白垩纪晚期，翼展至少10米，比三层半的楼房还高，是霸王龙的天敌。

易碎双腔龙：生存于白垩纪中期，体长在20—30米，体重可以达到130吨，比3辆常规的公交车还要长。

泰坦角龙：大型草食性恐龙，生存于白垩纪晚期，身长约9米，头上长了两只用来对付敌人的大角。

小个子的优势

在恐龙世界里，小个子的恐龙会有什么优势呢？一起去看看吧！

美颌龙：身长约1米，重约3.5千克，生存于侏罗纪晚期，视力很好，牙齿小而锋利，行动敏捷，善于捕食小蜥蜴和昆虫等。

始祖鸟

晓龙

雷利诺龙

甲龙：生存于白垩纪晚期，身体上有很厚的鳞片，从头到尾覆有坚厚的骨板，骨质、钉状的骨板与锤状的尾巴能帮助它抵御攻击。

雷利诺龙：身长
60—90厘米，体重约
10千克，生存于白垩
纪早期的南极圈里，
视力很好，能适应南
极极夜的恶劣环境。

始祖鸟：生存于侏罗纪晚期，能短
距离飞行，体型大小如鸦，前肢虽已成
翼，与爬行动物近似，被认为是爬行动
物进化到鸟类的过渡型。

晓龙：身长约
1米，智商极低，但
是当遇到大型肉
食性恐龙袭击时，
它跑得飞快。

自带保护工具的恐龙

各种恐龙都有自己的生存技能，除了个子大或者跑得快的恐龙之外，还有哪些恐龙是自带保护工具的呢？

埃德蒙顿甲龙

恐爪龙

尖角龙：一种四足食草恐龙，头上有很多角，但主要是靠鼻端的那只长角来抵御天敌。

钉状龙：颈部至背部长有狭长的骨板，背部至尾端长有钉子状纵向生长的利刺，这些骨板与钉刺有防御和平衡作用。

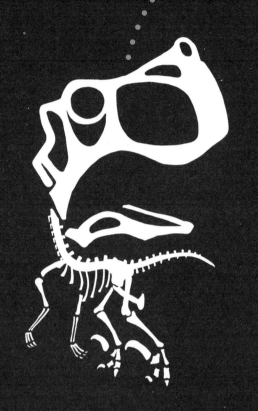

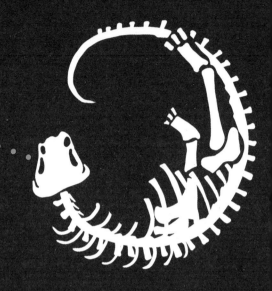

恐爪龙：有尖锐的牙齿和长在后肢上的钩状脚爪，腕部比别的肉食恐龙更灵活，可以用前肢抱住猎物，然后用利爪将其撕裂，杀伤力极强。

埃德蒙顿甲龙：身披重重的钉状和块状甲板，从头到尾覆有坚厚的骨板，身侧还有尖锐的骨质刺，可以在遇到天敌时自保。

智力排行榜

恐龙也有智力的高低之分，最聪明的和最笨的恐龙都有谁呢？

伤齿龙：它的头是恐龙中最大的，感觉器官非常发达，被认为是最聪明的恐龙。

剑龙：体型巨大，脑袋很小，被认为是恐龙家族中最笨的成员，它们的脑袋又扁又小，大脑部分只有一个核桃大小。

异特龙：眼睛上方长有角冠，大脑比较大，智商较高，在侏罗纪晚期是北美草原上最凶猛的杀手，杀伤力和霸王龙不相上下。

霸王龙

霸王龙：不但武力值爆表，智商也名列前茅，拥有超强的咬合力、超强的视觉、嗅觉和听觉，喜欢独居但懂得群猎。

那些在中国出名的恐龙

我们中国有哪些出名的恐龙呢？走，一起去看看！

棘鼻青岛龙：发现于山东附近的莱阳市，鼻上有鼻棘。体长约6米，高约5米，前肢短小，后肢粗壮，尾巴长而有力，两栖习性，以植物为食。

太白华阳龙：发现于四川自贡，体长约4米，是一种中等大小的原始剑龙，背部是两列形状多变的小骨板，尾巴上是两对板状尾刺。

黄河巨龙

巨型山东龙

巨型山东龙：山东龙化石首次发现于山东诸城龙骨涧晚白垩世地层中。体长约15米，嘴又宽又扁，形像鸭喙，趾间有蹼，是迄今为止世界上最高大的鸭嘴龙。

黄河巨龙：发现于河南省汝阳县，高8米，长度超过了18米，吃梧桐叶子都不用抬头，堪称"亚洲龙王"。

怎么饲养一只恐龙

如果养一只恐龙,你需要准备什么饲养条件呢?

第一,要有足够的空间让它们玩,每天都要遛,你还要有足够的体力跟上它们撒欢的步伐。

第二,要给它们提供足够的食物,小型恐龙是最佳选择,但是小型恐龙基本都是肉食性的,所以要有足够多的肉。

第三,恐龙智商比较低,驯化过程需要你有足够的耐心。

第四,要做好防护措施,即使是最可爱小巧的恐龙,也有着锋利的牙齿或尖刀一样的爪子。

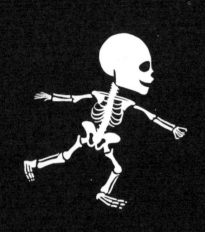

看了这些，你还想养一只恐龙做宠物吗？

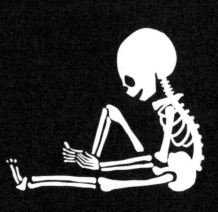

恐龙天绝的原因

这种巨大、强壮、没有天敌的动物，为什么会灭绝呢？

第一种说法是"陨星碰撞说"：小行星撞击地球之后，大量的灰尘进入大气层，遮蔽阳光，植物不能生存，草食性动物和肉食性动物没了食物来源，相继死亡、灭绝。

第二种说法是"气候变迁说"：白垩纪末期，地球上的海水退去，土地隆起变成山脉，气候变冷，大片的原始森林消失，恐龙因食物缺少而灭绝。

第三种说法是"酸雨说"：白垩纪末期地球上可能长时间下过强烈的酸雨，恐龙吃了有毒的食物和水，相继中毒而亡。

第四种说法是"疾病论"：白垩纪晚期，火山喷发频繁，导致环境长期被污染，恐龙繁殖能力减弱，恐龙蛋出现病变，孵化率显著降低，从而导致物种灭绝。

关于恐龙灭绝原因的假说，远不止这几种，而且都没有足够的证据证明恐龙已经灭绝。

生活在极地的雷利诺龙，在灾难来临时蛰伏在洞中，等它们休眠结束是不是恰好灾难已经过去了呢？

只有火鸡大小的美颌龙，灾难来临时会不会藏在哪里躲过一劫？

始祖鸟会不会进化出了新的翅膀，在灾难来临时飞向了别的地方从而也活了下来？

恐龙真的灭绝了吗？

如果恐龙没有灭绝，随着地球的变迁，现代动物里可能也有恐龙的后代。

某些小型兽脚类恐龙向鸟类进化的过程。

也有人认为，现在的鸟类就是有翅膀的恐龙演化而来的。

41

某些小型兽脚类恐龙向鸟类进化的过程：侏罗纪早期，兽脚类恐龙长出羽毛，到了侏罗纪中晚期，它们的尾椎大量愈合，前肢变长且长出羽毛。

彩蛋来啦！

现在看到的恐龙基本是根据骨骼形态复原的，它们会不会还有其他样子呢？

恐龙会有胖乎乎的小可爱吗？

恐龙有毛茸茸的或者五颜六色的吗？

原角龙会不会飞到树上呢？

雷利诺龙会不会是这样的呢？

它会不会是霸王龙？

你想象中的恐龙是什么样的呢？把它画下来吧！

在画的时候，顺便涂上颜色吧，但是呢，据古生物学家推测：那些大型的植食性恐龙体色是以灰色和绿色为主；而大型肉食性恐龙的颜色则是以灰褐色为主……当然了，这些也未必就是真的，所以，你只需涂上你认为正确的颜色就可以啦！

称霸地球超过 1.6 亿年的恐龙，
在一场未知事件中离奇死亡、灭绝，
在遥远的恐龙世界，还有很多说不完的故事和秘密，
等你慢慢探索！